罐頭變出好料理
50道罐頭美食show

美食料理家 柯俊年·余慎芳 —著

作者 序 　　　　　　　　　　　　　　　　　柯俊年

　　從事烹飪工作二十幾年來，常常會聽到觀眾或是讀者詢問我，對於化學調味料以及罐頭入菜的看法。事實上，對於一切能讓食物變好吃的東西，我幾乎都是來者不拒，當然，前提是不得危害到身體健康。

　　許多人對於化學調味料或是保存期限較久的罐頭食物不太放心，事實上以每人每天的三餐食用量來計算，要累積到能影響身體健康，至少也要一、二十年的時間，而且還必須是每天吃、餐餐吃。如果僅是少量使用或是偶爾使用，基本上並不會影響到身體健康的。

　　我個人其實非常喜歡用罐頭或是現成的醬料做菜，有時是因為想偷懶，又不想對不起自己的嘴，糟踏自己的胃，有時候是為了趕時間必須要快速完成，而最近則又多了原因：時機壞壞！能省些銀兩更重要。

　　超市可說是現代主婦的好朋友，罐頭、常溫調理包、熟食現成品、冷凍半成品、特殊調理醬，琳瑯滿目的料理幫手，就算廚藝不怎樣的人，只要拿來加工一下，比如淋在飯上，加個麵條來煮一煮，或是炒一炒，蒸一蒸，微波熱一下，馬上就有熱呼呼的美食可以享用了。

　　這本書就是告訴大家，利用罐頭做菜很簡單！只要加個二、三樣食材，就可以變成一道道美味的料理。現成醬料拌一拌、淋一下，冷盤開味菜立刻上桌。甚至日本的國民美食，酸甜的泰、越料理，也都能夠輕鬆上桌。不管是求好吃，求快速，想省錢，想請客，或是來盤下酒菜，甚至張羅年夜飯，本書都可以滿足你的需求。不會NG，不會失敗，一定會成功。

　　這次讓我先告訴大家怎樣搭配、怎樣料理；也許下次就換各位告訴我，換個方式更美味，變個食材就更營養，在哪買的更便宜。大家一起來試試看，用罐頭變出好料理。

柯俊年

作者 序

余慎芳

青葉魯肉飯…香得不得了…媽媽不在家…青葉魯肉飯…陪伴我！

耳熟能詳的罐頭廣告歌勾起我兒時的回憶。小時候媽媽如果不在家，「大茂筍絲」、「土豆麵筋」、「新東陽肉醬」、「咖哩雞肉包」、「三島香鬆」，就是我今日下飯的最佳良伴。

隨著我長大了，看到日本演員阿部寬主演的連續劇「不能結婚的男人」，劇裡的阿部寬喜好美食常自己下廚，有一個比客廳大的頂級烹飪設備的廚房，桃木原色的櫥櫃……，我開始幻想以後我的廚房也要這樣。一打開櫥櫃，超市裡琳瑯滿目的罐頭、調味料、調理包都在我的廚房，慵懶地聽著天國與地獄的交響樂曲，隨著樂曲的旋律，洗個青菜，切個豆腐，再加入超市買來的現成火鍋料、韓式泡菜，輕輕鬆鬆就有一鍋熱呼呼的韓式泡菜火鍋呈現在我眼前了！

誰說罐頭、半成品、調理包只能是配角！這本書就要告訴大家，在你的巧手之下，如何讓這些東西變身成異國美食、家常小吃、宴客小點、懶人料理。讓你下廚快速方便，輕輕鬆鬆就有一道道的美味料理喔！不管是單身女郎、黃金單身漢、隻身在外的遊子、漂流異鄉的異鄉客，都不要錯過這本讓你輕鬆做好菜的武功秘笈喔！

在此特別感謝柯老大！讓我有機會能參與這本書的製作過程，由衷的說聲阿里阿多！

目 次　Contents

螺肉涼筍沙拉　18　　螺肉排骨湯　19　　泰式鮪魚粉絲　20　　鮪魚咖哩麵　22　　芥茉鮪魚黃瓜　24

鰻魚燴飯　26　　筍尖五花肉片　28　　蟹肉冬瓜羹　29　　蟹肉餅　30　　焗烤蟹肉麵包　32

韓式泡菜蟹肉粥　34　　松仁玉米　35　　玉米珍珠丸　36　　臘肉爆玉米　38　　芋香瓜仔肉　40

瓜仔肉醬茄　42　　蜜桃鮮蝦球　44　　蕃茄椰汁雞　46　　蕃茄海鮮火鍋　48　　蔬菜肉醬烏龍麵　50

辣味肉醬豆腐燴飯51　　鯖魚捲餅　52

善用現成材料，
只要3分鐘，
好菜立即上桌！

一道料理的組成元素是「食材」、
「調味」以及「烹飪方式」。
想做出令人滿意的美食佳餚，
這三大元素往往不可或缺，
但是對於烹飪新手或忙碌的上班族而言，
挑選食材、調製醬汁、
研究烹飪手法似乎是不可能的任務。

其實只要善用超市販售的罐頭、
現成醬料、熟食以及常溫調理包，
加上一、二樣的食材，
不需特別的烹調技巧及調味，
簡易、快速又美味的料理就能立即上桌。

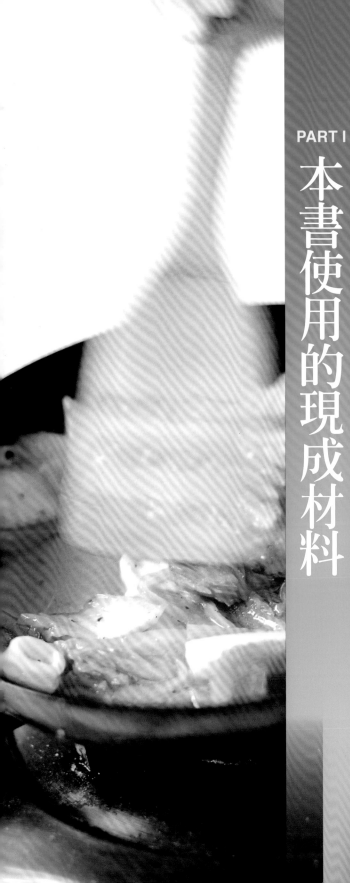

PART I

本書使用的現成材料

螺肉 罐頭

材料	螺肉、醬油、糖、味精等
酸味	○○○○○
甜味	●○○○○
鹹味	●●●○○
辣味	○○○○○
烹調方式	煮、拌、湯品
速配食材	海鮮類、肉類、蔬果

蟹肉 罐頭

材料	蟹肉碎、鹽、水
酸味	○○○○○
甜味	○○○○○
鹹味	●○○○○
辣味	○○○○○
烹調方式	煮、炒、拌、焗、湯品、羹類
速配食材	海鮮類、乳製品、蛋、米飯、麵食

鮪魚 罐頭

材料	鮪魚、沙拉、油、鹽
酸味	○○○○○
甜味	○○○○○
鹹味	●●○○○
辣味	○○○○○
烹調方式	拌、炒、捲、焗
速配食材	蛋、水果、蔬果、米飯、麵食

肉醬 罐頭

材料	豬肉、醬油、蕃茄醬、調味料等
酸味	○○○○○
甜味	○○○○○
鹹味	●●●●●
辣味	●～●●●
烹調方式	煮、炒、拌、燴、湯品、羹類
速配食材	米飯、麵食、蔬菜根莖類

鰻魚 罐頭

材料	鰻魚、醬油、糖、鹽、味精、辣椒
酸味	○○○○○
甜味	●●●○○
鹹味	●●●○○
辣味	○○○○○
烹調方式	拌、炒、燒、燴
速配食材	蛋、蔬果、米飯、麵食

瓜仔肉醬 罐頭

材料	豬肉、蔭瓜、鹹冬瓜、糖、調味料
酸味	○○○○○
甜味	●○○○○
鹹味	●●●○○
辣味	○○○○○
烹調方式	煮、炒、拌、燒、燴
速配食材	米飯、麵食、蔬菜根莖類

幼筍罐頭

材料 幼筍、沙拉油、鹽、糖

- 酸味 ○○○○○
- 甜味 ●○○○○
- 鹹味 ●●●○○
- 辣味 ●○○○○

烹調方式 炒、燒、燴
速配食材 海鮮、肉類

水蜜桃罐頭

材料 水蜜桃、果糖、水

- 酸味 ●○○○○
- 甜味 ●●●○○
- 鹹味 ○○○○○
- 辣味 ○○○○○

烹調方式 拌、捲、炒
速配食材 海鮮、蔬菜、肉類、水果

韓式泡菜

材料 大白菜、辣椒、鹽、糖、醋等

- 酸味 ●●○○○
- 甜味 ●○○○○
- 鹹味 ●●●●○
- 辣味 ●●●○○

烹調方式 煮、炒、燒、燴、燒、湯品
速配食材 海鮮、肉類、火鍋料、米飯、麵食

椰漿罐頭

材料 椰漿、保存劑

- 酸味 ○○○○○
- 甜味 ●○○○○
- 鹹味 ○○○○○
- 辣味 ○○○○○

烹調方式 煮、燒、燴
速配食材 海鮮、肉類、甜品、咖哩、蔬菜根莖類

玉米粒罐頭

材料 玉米、水、鹽

- 酸味 ○○○○○
- 甜味 ●●●○○
- 鹹味 ●○○○○
- 辣味 ○○○○○

烹調方式 煮、炒、涼拌、燒、燴
速配食材 蔬菜、海鮮、肉類

蕃茄罐頭

材料 蕃茄、水

- 酸味 ●●●○○
- 甜味 ●○○○○
- 鹹味 ●○○○○
- 辣味 ○○○○○

烹調方式 煮、拌、燒、燴、湯品
速配食材 海鮮、肉類、蔬菜根莖類

醬料
Sauces

千島醬

材料	酸黃瓜、雞蛋、蕃茄醬、糖、沙拉油等
酸味	●●○○○
甜味	●●○○○
鹹味	●○○○○
辣味	○○○○○
烹調方式	拌、蘸
速配食材	海鮮、肉類、生菜

越式牛肉醬膏

材料	牛肉粉、辣椒、鹽、糖、醬油、香料等
酸味	○○○○○
甜味	●●●○○
鹹味	●●●●○
辣味	●○○○○
烹調方式	煮、炒、紅燒、燴、湯品
速配食材	肉類

大蒜麵包醬

材料	大蒜、水、醋、羅勒、調味料、辛香料等
酸味	○○○○○
甜味	○○○○○
鹹味	●●○○○
辣味	○○○○○
烹調方式	拌、蘸、焗、烤
速配食材	麵包、海鮮、菇類、肉類、蔬菜根莖類

沙嗲蝦醬

材料	沙嗲粉、蝦醬、辣椒、鹽、糖、醬油、香料等
酸味	○○○○○
甜味	●●○○○
鹹味	●●●○○
辣味	●●●○○
烹調方式	煮、炒、燒、燴、烤
速配食材	蔬菜、海鮮、肉類

越式春捲醬

材料	辣椒、鹽、糖、醋、香料等
酸味	●●●○○
甜味	●●○○○
鹹味	●●○○○
辣味	●●○○○
烹調方式	拌、蘸、醃
速配食材	生菜、海鮮、肉類、蔬菜根莖類

泰式甜雞醬

材料	辣椒、鹽、糖、醋、香料等
酸味	●●●○○
甜味	●●●●○
鹹味	●●○○○
辣味	●●○○○
烹調方式	拌、蘸、捲
速配食材	生菜、海鮮、肉類

超市半成品 & 調理包
Individual material

冷凍花枝羹

- 材料 花枝、魚漿、調味料等
- 口感味性 Q脆彈牙
- 烹調方式 煮、炒、拌、燒、燴、湯品
- 速配食材 海鮮、蔬菜、菇類、肉類

滷豬頭皮

- 材料 豬頭皮、醬油、糖、鹽、滷包
- 口感味性 Q軟有嚼勁、具鹹香味
- 烹調方式 炒、拌、燒、捲
- 速配食材 米飯、麵食、蔬菜、菇類

冷凍水餃

- 材料 麵粉、豬肉、高麗菜、鹽、胡椒
- 口感味性 口感軟嫩
- 烹調方式 煎、水煮、焗烤
- 速配食材 海鮮、蔬菜、肉類

滷牛筋

- 材料 牛筋、醬油、糖、鹽、滷包
- 口感味性 Q軟有嚼勁、具鹹香味
- 烹調方式 煮、炒、拌、燒
- 速配食材 米飯、麵食、蔬菜

水煮雞絲

- 材料 雞胸肉
- 口感味性 柔軟、偏乾
- 烹調方式 炒、拌、捲
- 速配食材 蔬菜、根莖類

豬血糕

- 材料 鴨血、米
- 口感味性 Q軟
- 烹調方式 煮、炒、炸、拌、烤、湯品
- 速配食材 蔬菜、肉類、花生粉

蘿蔔糕

- **材料** 蘿蔔、在來米粉、油蔥酥、鹽、胡椒粉
- **口感味性** 柔軟、具油蔥香
- **烹調方式** 煎、煮、炒、炸、拌
- **速配食材** 海鮮、肉類、蔬菜、菇類、蛋

濃湯包

- **材料** 蔬菜粉、玉米、植物油、澱粉、調味料等
- **口感味性** 濃郁富香氣
- **烹調方式** 煮、燴
- **速配食材** 海鮮、肉類、蔬菜、菇類、蛋

真空鮮筍包

- **材料** 竹筍
- **口感味性** 清脆爽口
- **烹調方式** 煮、炒、拌、燒、燴、湯
- **速配食材** 海鮮、肉類、蔬菜、菇類

咖哩牛肉

- **材料** 牛肉、紅蘿蔔、馬鈴薯、洋蔥、咖哩粉
- **口感味性** 食材較碎小、咖哩味濃
- **烹調方式** 煮、拌、燒、燴
- **速配食材** 米飯、麵食、蔬菜、海鮮、肉類

蒜味香腸

- **材料** 豬絞肉、鹽、糖、辛香料、硝酸鹽
- **口感味性** 紮實、具鹹香味
- **烹調方式** 煎、炒、拌、燒、燴、烤
- **速配食材** 蔬菜、菇類

咖哩雞肉

- **材料** 雞肉、紅蘿蔔、馬鈴薯、洋蔥、咖哩粉
- **口感味性** 食材較碎小、咖哩味濃
- **烹調方式** 煮、拌、燒、燴
- **速配食材** 米、麵、蔬菜、海鮮、肉類

香菇肉羹

- **材料** 豬肉、魚漿、筍絲、香菇、調味料
- **口感味性** 食材較碎小、芡汁味道濃郁
- **烹調方式** 煮、拌、燒、燴
- **速配食材** 蔬菜、米飯、麵食、海鮮

紅燒牛腩

- **材料** 牛肉、紅蘿蔔、馬鈴薯、洋蔥、醬油、糖
- **口感味性** 食材軟爛、醬汁味道濃郁
- **烹調方式** 煮、拌、燒、燴
- **速配食材** 蔬菜、米飯、麵食

筍絲焢肉

- **材料** 豬肉、筍絲、鹹菜、調味料
- **口感味性** 食材軟爛、具鹹香味
- **烹調方式** 煮、拌、燒、燴
- **速配食材** 蔬菜、米飯、麵食

法式白酒煨春雞

- **材料** 雞肉、蔬菜、白醬、調味料等
- **口感味性** 食材軟爛、醬汁味道濃郁
- **烹調方式** 煮、拌、燒、燴
- **速配食材** 蔬菜、米飯、麵食、蛋

螺肉涼筍沙拉

螺肉排骨湯

泰式鮪魚粉絲

鮪魚咖哩麵

芥茉鮪魚黃瓜

鰻魚燴飯

筍尖五花肉片

蟹肉冬瓜羹

蟹肉餅

焗烤蟹肉麵包

韓式泡菜蟹肉粥

松仁玉米

玉米珍珠丸

臘肉爆玉米

芋香瓜仔肉

瓜仔肉醬茄

蜜桃鮮蝦球

蕃茄椰汁雞

蕃茄海鮮火鍋

蔬菜肉醬烏龍麵

辣味肉醬豆腐燴飯

鯖魚捲餅

PART II

罐頭入菜篇

螺肉涼筍沙拉

材料

- 螺肉罐頭 1罐
- 涼筍真空包 1包

調味料

- 沙拉醬 2大匙
- 蕃茄醬 1大匙
- 無糖花生粉 1小匙

作法

❶ 螺肉水瀝乾，涼筍切小塊狀。
❷ 將沙拉醬、蕃茄醬、花生粉拌勻即成沾醬。
❸ 準備容器，將螺肉及涼筍擺入，食用時沾醬。

料理小撇步

*螺肉的水份一定要先瀝乾，醬汁才能均勻裹上。

*螺肉罐頭的腥味較重，用適量的沙拉醬可將腥味掩蓋過去；另外，花生粉也有減少腥味及增加香氣的效果。

*螺肉罐頭剩下的湯汁可用來煮湯或紅燒，可增加食物鮮味。

材料

- 螺肉罐頭 1罐
- 白蘿蔔 1條
- 排骨 200克
- 香菜 2根

調味料

- 干貝粉 1小匙
- 鹽 .... 少許
- 胡椒 .... 少許

作法

❶ 白蘿蔔切四方塊狀，排骨洗淨，香菜切小段。

❷ 將排骨略為汆燙以去除血水。

❸ 另煮一鍋水，水滾後放入排骨，入白蘿蔔熬煮約30-50分鐘至菜頭熟透。

❹ 起鍋前加入螺肉及調味料，最後撒上香菜即可。

料理小撇步

＊水滾後再放入排骨，並立刻轉小火慢燉1小時，排骨肉質就不會老化。

＊螺肉煮太久肉質會老化，吃起來口感會像橡皮筋，因此起鍋前再拌入湯裡即可。

螺肉排骨湯

泰式鮪魚粉絲

材料

- 鮪魚罐頭⋯⋯⋯⋯⋯⋯1罐
- 洋蔥⋯⋯⋯⋯⋯⋯⋯1/2顆
- 粉絲⋯⋯⋯⋯⋯⋯⋯⋯4把
- 蕃茄⋯⋯⋯⋯⋯⋯⋯⋯1顆
- 香菜⋯⋯⋯⋯⋯⋯⋯⋯2根

調味料

- 泰式甜雞醬⋯⋯⋯⋯3大匙
- 胡椒⋯⋯⋯⋯⋯⋯⋯⋯少許
- 檸檬汁⋯⋯⋯⋯⋯⋯1大匙

作法

❶ 把鮪魚罐頭中的油瀝乾,鮪魚肉捏成小塊狀;洋蔥切絲泡冰水,蕃茄切絲,粉絲泡水備用。

❷ 燒一鍋水加1~2滴沙拉油,將粉絲下去汆燙至熟,用冰水冰鎮,使用前瀝乾水份。

❸ 準備鋼盆或較大的容器,放入瀝乾的粉絲、洋蔥絲、蕃茄絲,最後加入鮪魚塊及調味料,再撒上香菜即可。

料理小撇步

＊粉絲先泡水後再汆燙比較快熟。

＊步驟❷中滴沙拉油可避免粉絲黏成一團。

＊洋蔥生吃口感會較辛辣,可泡冰水,減少辛辣感。

材料

- 鮪魚罐頭............................1罐
- 洋蔥..................................1/2顆
- 意麵..................................400克
- 韭菜..................................2根
- 豆芽菜..............................100克

調味料

- 咖哩粉..............................2大匙
- 烏醋..................................1大匙
- 糖......................................1大匙
- 鹽......................................少許
- 胡椒..................................少許

作法

❶將意麵煮熟後立刻沖冷開水備用。

❷把鮪魚罐頭中的油瀝乾，鮪魚肉捏成小塊狀，韭菜切小段，洋蔥切末。

❸起油鍋，洋蔥先爆香後，加入鮪魚拌炒一下，後續加入200C.C.的水、調味料拌炒收汁入味。

❹最後再加入意麵、韭菜、豆芽菜拌炒一下，即可裝盤。

料理小撇步

＊防止麵條黏成一團的方法，除了煮熟後泡冷水之外，於煮麵過程中加入些許冷水，也可以使沾黏情況減少。

＊也可用油麵取代意麵，口感較Q且不會黏成一團。

鮪魚咖哩麵

芥茉鮪魚黃瓜

材料

- 鮪魚罐頭 ⋯⋯⋯⋯⋯⋯⋯⋯ 1罐
- 小黃瓜 ⋯⋯⋯⋯⋯⋯⋯⋯⋯ 4條
- 紅椒 ⋯⋯⋯⋯⋯⋯⋯⋯⋯ 1/2顆

調味料

- 美奶滋 ⋯⋯⋯⋯⋯⋯⋯⋯ 2大匙
- 芥茉醬 ⋯⋯⋯⋯⋯⋯⋯ 1/2大匙
- 鹽 ⋯⋯⋯⋯⋯⋯⋯⋯⋯⋯ 少許
- 胡椒 ⋯⋯⋯⋯⋯⋯⋯⋯⋯ 少許

作法

❶ 把鮪魚罐頭中的油瀝乾，鮪魚肉捏成碎狀，小黃瓜對剖將中間的籽挖掉成溝狀，切成約3~4公分段狀泡冰水備用，紅椒切菱形丁。

❷ 準備鋼盆或較大的容器，將鮪魚碎加入美奶滋、芥茉醬、鹽、胡椒拌勻。

❸ 瀝乾小黃瓜的水份，底部切去一薄片以方便擺盤，將拌好的鮪魚餡填入小黃瓜的溝裡，點綴上紅椒即可裝盤。

料理小撇步

＊舉辦小型派對時，這道菜可做為宴會的手工開胃小菜。

＊鮪魚餡可依喜好加入水煮蛋碎、蔥末、紅椒碎增加口感色彩。

鰻魚燴飯

材料

- 鰻魚罐頭 1罐
- 洋蔥 1/2顆
- 蕃茄 1顆
- 新鮮香菇 2朵
- 蔥 2根
- 蛋 1顆

調味料

- 高湯 .... 200C.C.
- 糖 1小匙
- 醬油 1小匙

作法

❶ 先將鰻魚罐頭湯汁瀝出來備用；洋蔥切小塊；蕃茄切塊；新鮮香菇切塊；蔥切蔥花備用。

❷ 鍋中燒熱一匙油，先將洋蔥爆香後放入蕃茄、香菇、高湯；後加入醬油、糖、鰻魚汁及鰻魚塊拌炒均勻。

❸ 轉小火燜煮至湯汁微乾，淋上蛋液，撒上蔥花，用大火快速拌勻即可。

料理小撇步

＊醬油加糖煮出來的醬汁會比較有光澤，看起來更促進食慾。

筍尖五花肉片

材料

- 幼筍罐頭 1罐
- 五花肉片 200克
- 香菜 2根

調味料

- 醬油 2大匙
- 糖 1大匙
- 鹽 .... 少許
- 胡椒 .... 少許

作法

❶ 把幼筍罐頭裡的油瀝乾,香菜切小段,五花肉片醃醬油、糖備用。

❷ 起油鍋,五花肉片先下去炒至半熟,再加入幼筍一起拌炒。

❸ 最後加入鹽、少許水拌炒收汁入味後,撒上胡椒及香菜即可裝盤。

料理小撇步

＊想讓菜色更好看,可事先將肉片以調味料醃3～5分鐘,肉片會較易上色。

材料

・蟹肉罐頭	1罐
・冬瓜	200克
・蛋白	1顆

調味料

・高湯	3杯
・干貝粉	1/2大匙
・鹽	少許
・胡椒	少許
・太白粉水	3大匙

作法

❶ 把蟹肉罐頭中的水份瀝乾，捏成碎狀；冬瓜切成小姆指丁狀備用。

❷ 高湯燒開後加入冬瓜丁燜煮至熟；後加入蟹肉碎、太白粉水勾芡；後淋上蛋白並攪拌均勻，調味後撒上少許蟹肉碎即可。

料理小撇步

＊此道羹品的作法不需花太多時間，煮至冬瓜呈透明即可，以免煮太久冬瓜融化吃不出口感。

蟹肉冬瓜羹

罐頭變出好料理

蟹肉餅

材料

· 蟹肉罐 2罐
· 蛋 2顆
· 洋蔥 1/2顆
· 紅蘿蔔 30克
· 罐頭高湯 1/2罐
· 麵粉 1杯

調味料

· 胡椒粉 1/2小匙

作法

❶ 先將紅蘿蔔和洋蔥切碎備用。

❷ 取一容器，加入蟹肉、胡蘿蔔碎、洋蔥碎、蛋和胡椒粉拌勻後，再加入麵粉，之後倒入罐頭高湯調稀成麵糊備用。

❸ 鍋中燒熱一大匙沙拉油，倒入約1湯匙調好的麵糊攤平成一小片，將兩面翻面煎熟後即可。

料理小撇步

＊一湯匙麵糊可煎成一小片，也可以圓形平底鍋，一次倒入較多的麵糊煎成一大塊，再分切成小塊食用。

焗烤蟹肉麵包

材料

· 蟹肉罐頭 1罐
· 法國麵包 1條
· 起司絲 200克
· 洋香菜葉 .... 少許

調味料

· 奶油白醬 5大匙
· 鹽 .... 少許
· 胡椒 .... 少許
· 大蒜麵包醬 .... 少許

作法

❶ 烤箱以上火200度預熱10分鐘。

❷ 法國麵包切成斜片厚約2公分；蟹肉瀝乾水份捏成碎狀。

❸ 將蟹肉與白醬、調味料混合在一起成蟹肉醬；法國麵包先塗上一層大蒜麵包醬，再鋪上蟹肉醬、起司絲。

❹ 麵包進烤箱烤至起司融化，表面略微焦黃且呈金黃色後，出烤箱撒上洋香菜葉即可。

料理小撇步

＊自製奶油白醬：
先在鍋中將奶油溶化，加入麵粉後融合成塊狀，再加入牛奶用打蛋器攪拌，小火煮至稠狀即可。也可添加鮮奶油使之更為濃郁。

＊奶油：麵粉：牛奶：鮮奶油＝1：1：5：1

材料

- 蟹肉罐........................2罐
- 韓式泡菜.....................150克
- 雞高湯..................2000C.C.
- 白飯.............................3碗
- 海帶芽..........................5克
- 蛋................................2顆
- 起司.............................4片

調味料

- 蠔油.........................2大匙
- 糖.............................1大匙
- 干貝粉.......................2大匙

作法

❶ 先將海帶芽用冷開水沖洗乾淨;韓式泡菜略為切碎;蛋打散備用。

❷ 鍋中倒入雞高湯和適量的水煮開,再放入白飯煮約10分鐘。

❸ 放入蟹肉、韓式泡菜、蠔油、干貝粉、糖繼續煮5分鐘,再打入蛋花,然後放入海帶芽,最後起鍋前再鋪上一片起司片即可。

料理小撇步

＊蛋液加入後不要立即攪拌,待稍稍凝固後再攪拌,就會形成美麗的蛋片了。

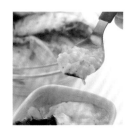

韓式泡菜蟹肉粥

松仁玉米

材料

· 玉米粒罐頭 1罐
· 火腿 200克
· 洋蔥 1/2顆
· 松子 50克
· 蔥 1根

調味料

· 鹽 .... 少許
· 胡椒 .... 少許

作法

❶ 玉米粒罐頭瀝乾水份;火腿
切小丁;洋蔥切小丁;蔥切
蔥花。

❷ 鍋中燒熱一大匙沙拉油,洋
蔥先下去爆香後加入火腿、
玉米拌炒一下,最後加入松
子,調味後撒上蔥花裝飾即
可。

料理小撇步

＊松子等堅果類一旦氧化或發黴
容易產生毒素,出現臭油味時
最好不要食用。

＊堅果類開封後若用不完,以冷
凍保存可達半年;若是冷藏保
存,最好1個月內食用完畢以
免變質。

＊為了要增加松子的香氣,可以
先用小火乾炒至呈金黃色。

玉米珍珠丸

材料

· 豬絞肉 400克
· 玉米粒罐頭 1罐
· 薑 20克
· 蔥 1根
· 蛋 1/2個

調味料

· 香油 1小匙
· 醬油膏 1大匙
· 鹽 1小匙
· 太白粉 2大匙
· 胡椒粉 1/4茶匙

作法

❶ 先將蔥、薑切細末後，與豬絞肉、蛋、鹽、醬油膏、胡椒粉、太白粉和香油一起拌勻。

❷ 將肉團甩打出黏性之後，捏成一顆顆的丸子，再將表面均勻的沾裹上玉米粒，擺入蒸盤中。

❸ 將玉米丸子放入蒸鍋中以大火蒸約10分鐘，即可呈盤。

料理小撇步

＊玉米粒容易從肉丸上脫落，在沾裹時可用手略為壓實，將玉米略嵌入肉丸中，待蒸熟之後玉米粒就不易脫落了。

＊不喜歡吃太多肉或是減重中的人，可減少絞肉的分量，以根莖類如荸薺、馬鈴薯等替代，但絞肉比例必須維持在1/2以上，以免黏性不夠無法成形。

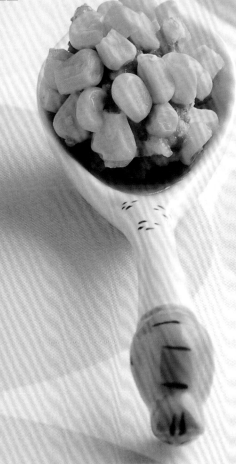

臘肉爆玉米

材料

· 玉米罐頭 1罐
· 臘肉 200克
· 洋蔥 1/2顆
· 辣椒 2根
· 蒜苗 1根

調味料

· 鹽 .... 少許
· 胡椒 .... 少許

作法

❶ 玉米罐頭瀝乾水份；臘肉切
小丁；洋蔥切小丁；蒜苗切
小段；辣椒切絲。

❷ 鍋中燒熱一大匙沙拉油，洋
蔥先下去爆香後加入臘肉、
玉米拌炒一下，最後加入蒜
苗，調味後撒上紅辣椒絲裝
飾即可。

料理小撇步

＊臘肉本身即有鹹味，對於偏好
清淡口味的人，可以不需再加
鹽。

芋香瓜仔肉

材料

- 瓜仔肉醬罐頭...............1罐
- 芋頭.....................1顆
- 蔥......................1根

調味料

- 鹽......................少許
- 胡椒.....................少許

作法

❶ 芋頭切塊狀，蔥切蔥花，瓜仔肉醬罐頭攪散。

❷ 起油鍋，放入芋頭炸至半熟後瀝乾油。

❸ 將炸好的芋頭與瓜仔肉醬罐頭及少許鹽、胡椒拌均勻，放入電鍋蒸至芋頭熟透後撒上蔥花即可。

料理小撇步 ✗

＊此道菜配飯、拌麵都非常適合。

＊瓜仔肉醬也可以拿來蒸海鮮，如魚、蝦、花枝，透抽，都可以拌一拌來蒸。

瓜仔肉醬茄

材料

· 瓜仔肉醬 1罐
· 茄子 4根
· 蔥 2根

調味料

· 太白粉 1大匙
· 香油 1大匙

作法

❶ 先將茄子切小段,再切成兩半;蔥切蔥花備用。

❷ 將茄子放入油鍋內以大火炸熟,再取出瀝油備用。

❸ 鍋中加入瓜仔肉醬以及等量的水一起煮開後,放入炸好的茄子,撒入蔥花,加入太白粉水芶芡,滴入香油再拌炒均勻即可。

料理小撇步

＊茄子先炸過才可保持鮮艷的紫色,蒸、煮都會使其紫色褪色。

蜜桃鮮蝦球

材料

· 蝦仁 400克
· 蛋黃 1個
· 水蜜桃罐頭 1罐

調味料

· 沙拉醬 1/2杯
· 地瓜粉 3大匙
· 卡士達粉 3大匙

作法

❶ 將罐頭中的水蜜桃撈出，瀝去湯汁後切丁備用。

❷ 蝦仁自背部片開不切斷的一刀，放入容器內，加入蛋黃、卡士達粉和地瓜粉一起拌勻備用。

❸ 起油鍋，將蝦仁炸熟後撈出瀝掉油脂備用。

❹ 利用鍋中餘油，放入水蜜桃大火快炒一下，熄火加入炸好的蝦球及沙拉醬一起拌勻即可擺盤。

料理小撇步

＊裹上卡士達粉來炸，外皮會更金黃酥脆且不易皮肉分離。

蕃茄椰汁雞

材料

· 蕃茄罐頭 1罐
· 椰漿罐頭 1/2罐
· 去骨雞腿 1支
· 洋蔥 1顆
· 香菜 .... 適量

調味料

· 糖 1小匙
· 鹽 1小匙
· 咖哩粉 1大匙
· 奶油 30克

作法

❶ 先將雞腿肉、洋蔥都切塊備
用。

❷ 起油鍋,先將雞腿肉煎上色
後加入洋蔥,後加入咖哩粉
一起拌炒。

❸ 將蕃茄罐倒入,煮開後,加
入糖、鹽調味,以小火煮約
5分鐘後,加入椰漿,最後
撒上香菜即可。

料理小撇步

＊可用奶油煎雞肉,會呈現漂亮
的金黃色及奶油香氣。

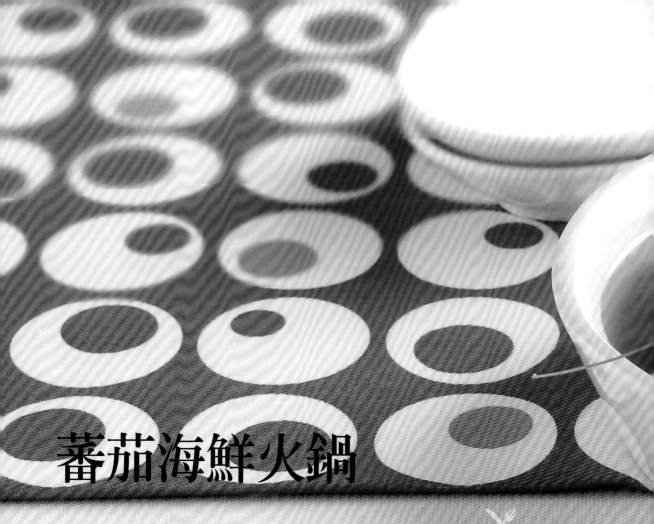

蕃茄海鮮火鍋

材料

· 蕃茄罐頭⋯⋯⋯⋯⋯1罐
· 花枝⋯⋯⋯⋯⋯⋯⋯1隻
· 玉米⋯⋯⋯⋯⋯⋯⋯1條
· 綜合火鍋料⋯⋯⋯200克
· 高麗菜⋯⋯⋯⋯⋯1/2顆
· 新鮮草蝦⋯⋯⋯⋯100克
· 香菜⋯⋯⋯⋯⋯⋯⋯適量

調味料

· 高湯⋯⋯⋯⋯⋯1600C.C.
· 鹽⋯⋯⋯⋯⋯⋯⋯⋯少許
· 胡椒⋯⋯⋯⋯⋯⋯⋯少許

作法

❶ 將花枝切圈；玉米切段；高麗菜撕成片狀；香菜切小段。
❷ 高湯與蕃茄一起用果汁機攪打均勻，即成蕃茄高湯。
❸ 將蕃茄高湯加入玉米、高麗菜一起熬煮約20分鐘後，再加入火鍋料煮滾，後加入花枝、鮮蝦、調味料，撒上香菜即可食用。

料理小撇步 ✗

＊花枝、鮮蝦最後再加入，燙熟煮滾即可保持鮮嫩口感。

材料

· 肉醬罐頭 1罐
· 烏龍麵 600克
· 高麗菜 200克
· 新鮮香菇 4朵
· 蔥 1根

調味料

· 香油 1大匙
· 酒 1大匙
· 高湯 1/2杯

作法

❶ 先將高麗菜切細絲，香菇切絲，蔥切蔥花。

❷ 將烏龍麵先放入沸水中汆燙至熟，再撈出備用。

❸ 熱一小匙油將高麗菜及香菇炒香，加入酒、香油、高湯略煮1分鐘，再放入肉醬拌炒到湯汁微乾即完成蔬菜肉醬。

❹ 將燙好的烏龍麵盛在盤中，淋上蔬菜肉醬，撒上蔥花即可。

料理小撇步 ✕

＊烏龍麵煮熟後不需沖冷水即可立刻拌炒，因為市售的烏龍麵有些遇水會糊掉。現做現吃最美味，且不必擔心黏成一團。

蔬菜肉醬烏龍麵

辣味肉醬豆腐燴飯

材料

· 辣味肉醬罐頭.................1罐
· 嫩豆腐.......................2塊
· 新鮮香菇....................4朵
· 蔥..........................1根
· 蛋..........................2顆

調味料

· 香油........................1大匙
· 酒..........................1大匙
· 高湯........................1杯
· 太白粉水....................1大匙

作法

❶ 先將豆腐切小塊狀，香菇切絲，蔥切蔥花。

❷ 熱一大匙油將香菇炒香，加入酒、香油、高湯略煮1分鐘，再放入豆腐、肉醬拌炒。

❸ 先用太白粉水勾芡湯汁，再加入蛋液略煮一下，最後再淋上香油拌勻即可。

❹ 將辣味肉醬豆腐淋在飯上，撒上蔥花即可。

料理小撇步

＊豆腐在最後收汁的時候再加入熬煮至入味，在過程中不要攪拌翻炒，以免豆腐破碎。

鯖魚捲餅

材料

· 蕃茄鯖魚罐頭 1罐
· 冷凍蛋餅皮 4張
· 起司片 4片
· 香菜 30克
· 美生菜 1/3顆
· 紅椒 1/4顆
· 黃椒 1/4顆

調味料

· 美乃滋 .... 少許

作法

❶ 先將美生菜剝散成一片片；
   紅、黃椒切長條備用。

❷ 接著將冷凍蛋餅皮以平底鍋
   煎熟備用。

❸ 將蛋餅攤平，依序擺入美生
   菜、鯖魚肉、起司片、紅黃
   椒和香菜，再淋上美乃滋。

❹ 最後將蛋餅皮捲起，以竹籤
   固定，切段後就可以擺盤了。

料理小撇步

＊蕃茄鯖魚罐頭裡的茄味與美乃
  滋非常搭，酸酸甜甜的滋味連
  小孩子也會喜歡。

＊鯖魚罐頭也可以用鮪魚罐頭替
  代，但醬料建議改成略帶酸味
  的千島醬。

＊美生菜洗淨後先泡冰開水，以
  保持脆度。

＊美乃滋可固定食材，在捲的過
  程中較不易脫落，但過量反而
  會使食材溢出。

泰式炸蝦捲

越式雞絲沙拉

越式牛筋蘿蔔湯

蒜香馬鈴薯沙拉

蒜香杏鮑菇

越式牛肉湯

三杯豬血糕

煎餃披薩

沙爹地瓜雞

鮮菇酸辣濃湯

港式酸辣蘿蔔糕湯

香腸炒四喜

筍香雞蓉玉米粥

鮮筍花枝羹湯

銀芽炒耳絲

瓜仔肉醬茄

炸花枝圈

酥炸豬排

泡菜燜魚頭

泡菜鮮雙脆

豆腐蚵嗲煎餅

超市半成品&醬料入菜篇

泰式炸蝦捲

材料

· 冷凍蝦捲 1包
· 美生菜 1/2顆

調味料

· 泰式沙拉醬 5大匙

作法

❶ 美生菜洗淨後,泡冰開水使之清脆,切絲備用。

❷ 起油鍋,溫度至180度後,將蝦捲入鍋炸至金黃色,瀝乾油備用。

❸ 美生菜絲墊底,擺上蝦捲,附上泰式沙拉醬當沾醬即可。

料理小撇步

＊以回鍋油炸食材可較快上色,如果是炸冷凍食品,容易外焦內冷,可先以低溫炸至熟透後再轉大火逼油。

越式雞絲沙拉

材料

- 水煮雞絲......................2包
- 高麗菜.........................1/4顆
- 洋蔥...........................1/2顆
- 九層塔.........................3根

調味料

- 越式春捲醬..................5大匙

作法

❶ 高麗菜、洋蔥切絲泡冰水使之清脆，使用前瀝乾水份，九層塔切絲備用。
❷ 準備鋼盆或較大的容器，先放入雞絲、高麗菜絲、洋蔥絲，加入越式春捲醬拌勻。
❸ 盛盤後撒上九層塔絲即可。

料理小撇步

＊此道沙拉現作現吃極具爽脆口感，若冷藏至隔天食用則更入味。

越式牛筋蘿蔔湯

- 滷牛筋................200g
- 白蘿蔔................150g
- 紅蘿蔔.................80g
- 香菜..................少許

調味料

- 高湯...................4杯
- 胡椒粉................少許
- 鹽...................1小匙
- 香油..................少許

做法

❶ 滷牛筋略切成小片狀；紅、白蘿蔔用大刨皮刀刨成薄片狀，香菜切末。

❷ 將高湯倒入鍋中，加入胡椒粉、鹽一起煮開即成熱湯。

❸ 取一容器，先放入牛筋片，再放入紅、白蘿蔔片，滴上香油後再將滾燙的熱湯沖入碗中，食用時撒上香菜即可。

料理小撇步

＊紅白蘿蔔片越薄越好，加入滾燙的高湯後口感較佳。

材料

・馬鈴薯	3個
・洋蔥	1/4個
・酸黃瓜條	1條

調味料

・大蒜麵包醬	2大匙
・巴西里末	少許
・酸黃瓜水	少許

作法

❶ 將洋蔥、酸黃瓜都切末狀。

❷ 馬鈴薯洗淨入電鍋蒸熟後去皮切成1公分厚的片狀備用。

❸ 準備鋼盆或較大的容器,將洋蔥、酸黃瓜、馬鈴薯、酸黃瓜水、大蒜麵包醬,一起拌勻;盛盤時撒上巴西里末。

料理小撇步

＊也可將馬鈴薯壓成泥再與調味料攪拌,非常適合作為三明治的夾餡。

蒜香馬鈴薯沙拉

越式牛肉湯

材料

- 牛肉片 300g
- 洋蔥 1/2個
- 豆芽菜 .... 300 g
- 九層塔 .... 少許
- 辣椒 2根
- 檸檬 1顆

調味料

- 越式牛肉醬膏 2大匙
- 胡椒粉 .... 少許
- 鹽 1小匙
- 糖 .... 少許
- 魚露 1大匙

做法

❶ 洋蔥切成絲；辣椒切丁；檸檬切四片薄片。

❷ 鍋中水煮開，加入洋蔥、越式牛肉醬膏一起煮10分鐘，再放入牛肉片及魚露、糖、豆芽菜、胡椒粉拌勻。

❸ 食用時搭配檸檬片、九層塔、辣椒即可。

料理小撇步

＊這道菜的道地越式吃法，是將牛肉片涮過之後，捲入檸檬片、九層塔、辣椒一起食用，一口牛肉捲搭配一口濃郁的湯頭，別具一番風味。

＊不敢直接吃檸檬片的人，滴入檸檬汁提香亦可。

蒜香杏鮑菇

材料

· 杏鮑菇.....................3個

調味料

· 大蒜麵包醬
· 巴西里末.....................少許

作法

❶ 杏鮑菇對切成片備用。

❷ 烤箱先預熱180—200度10分鐘，將杏鮑菇片塗上大蒜麵包醬，入烤箱烤約10分鐘即可，盛盤時撒上巴西里末。

料理小撇步

＊杏鮑菇可以灑一些鹽巴，均勻拌在一起讓杏鮑菇風味更佳。

材料

- 豬血糕 500克
- 老薑 50克
- 香菜 30克

調味料

- 胡麻油 3大匙
- 酒 .... 半杯
- 冰糖 1大匙
- 醬油 4大匙
- 味霖 2大匙

做法

❶ 豬血糕切成小塊狀，香菜切末，老薑切片。

❷ 將豬血糕放入120-130度的油鍋內炸至表面微微焦脆，再撈出瀝乾油脂。

❸ 鍋內倒入胡麻油，先爆香老薑，再放入酒、醬油、味霖和糖煮開；加入炸好的豬血糕後大火煮到湯汁收乾時，再撒入香菜末拌勻，起鍋前淋入米酒提香即可。

料理小撇步

＊此三杯豬血糕非常適合當作下酒菜或是開胃前菜；也可沾上花生粉與香菜食用，口味類似夜市賣的豬血糕，但香氣更濃郁且風味獨特。

三杯豬血糕

煎餃披薩

材料

- 冷凍水餃 20個
- 起士絲 100g
- 玉米粉 1/3杯
- 水 1杯

調味料

- 義大利蕃茄肉醬 2大匙

作法

❶ 取一平底鍋用小火將1大匙
油燒熱，再將水餃一一排入
鍋中煎熟。

❷ 玉米粉和水攪拌均勻後淋入
鍋中約蓋過煎餃的一半，用
對折的鋁箔紙蓋住鍋子燜煮
5分鐘。

❸ 將蕃茄肉醬均勻的淋在煎餃
上，撒上起士絲後再進烤箱
以220度烤至起司融化，表
面略微焦黃即可。

料理小撇步

＊冷凍水餃從冷凍庫拿出來之後
待退冰再煎煮會比較容易熟
透。

＊也可使用吃不完的隔夜水餃或
是現成的熟水餃來製作，風味
不打折。

沙嗲地瓜雞

材料

· 雞腿 ……………………… 1支
· 地瓜 …………………… 400克
· 洋蔥 …………………… 1/2顆
· 九層塔 ………………… 少許

調味料

· 沙嗲蝦醬 ……………… 2大匙
· 糖 ……………………… 1小匙
· 咖哩粉 ………………… 1大匙
· 酒 ……………………… 2大匙
· 蠔油 …………………… 1大匙

作法

❶ 雞腿切成塊狀；地瓜切成塊
　狀；洋蔥切片。
❷ 鍋中燒熱1大匙油，爆香洋
　蔥與雞腿，再加入沙嗲蝦
　醬、咖哩粉小火炒香。
❸ 加入酒、地瓜、蠔油、糖和
　適量的水，轉小火燜煮15分
　鐘，起鍋前加入九層塔翻炒
　均勻即可。

料理小撇步

＊切塊地瓜較難炒熟，所以必須
　在加入所有調味料之後轉小火
　燜煮15分鐘，使地瓜完全熟
　透，口感才會綿密而入味。
＊喜歡吃辣的人沙嗲蝦醬可以多
　加一點。

材料

· 新鮮香菇 80克
· 杏鮑菇 40克
· 港式酸辣濃湯 1包
· 蛋 2顆

作法

❶ 將新鮮香菇及杏鮑菇切成3
　公分段狀，蛋打散備用。
❷ 湯鍋內倒入800C.C.的水，加
　入港式酸辣濃湯攪拌煮開，
　再加入新鮮香菇和杏鮑菇煮
　2分鐘。
❸ 淋入蛋汁後，待蛋汁略微凝
　固之後攪拌一下，熄火燜1
　分鐘即可。

料理小撇步

＊菇類可隨自己的喜好變化，如
　金針菇、美白菇…等。

鮮菇酸辣濃湯

Part III
超市半成品＆醬料入菜篇 69

酸辣蘿蔔糕湯

材料

- 港式酸辣湯包 1包
- 蘿蔔糕 250克
- 新鮮香菇 20克
- 杏鮑菇 20克
- 蛋 2顆
- 香菜 .... 少許

調味料

- 胡椒粉 .... 少許

作法

❶ 蘿蔔糕切塊；新鮮香菇及杏鮑菇切絲；將香菜略切；蛋打散備用。

❷ 鍋內倒入1大匙油，先爆香香菇，再加入900C.C.的水和港式酸辣湯包，攪拌均勻後煮開。

❸ 加入蘿蔔糕大火煮滾後轉小火，再將蛋汁淋入湯內，蛋汁略凝固後略攪拌一下。

❹ 擺入香菜，撒入胡椒粉後，熄火並燜1分鐘即可。

料理小撇步

＊也可改用芋頭糕、板條、寧波年糕來變換口味。

香腸炒四喜

材料

- 蒜味香腸 4條
- 榨菜 30克
- 四季豆 200克
- 玉米粒 100克
- 豆乾 100克
- 蒜頭 2瓣
- 辣椒 1根

調味料

- 鹽 1小匙
- 酒 2大匙
- 胡椒粉 .... 少許
- 香油 1小匙

作法

❶ 先將香腸、榨菜、四季豆、豆乾、辣椒切丁備用；蒜頭切末備用。

❷ 鍋內倒入2大匙油，先將蒜頭、辣椒爆香後，再放入香腸煎熟。

❸ 加入榨菜、四季豆、豆乾、玉米粒一起翻炒均勻，再熗入酒後加入少許的水續炒，等到湯汁快收乾時，放入鹽、胡椒粉、香油一起拌炒均勻即可。

料理小撇步

＊香腸也可以事先蒸熟再切丁拌炒，比較快上色且不易焦黑。

筍香雞蓉玉米粥

材料

· 真空鮮筍包　　　　　1/2支
· 白飯　　　　　　　　1碗半
· 雞蓉玉米濃湯包　　　　1包
· 蛋　　　　　　　　　2顆
· 蔥　　　　　　　　　1根

調味料

· 胡椒粉　　　　　　　少許

作法

❶ 先將竹筍切絲，蔥切丁，蛋打散備用。

❷ 鍋內倒入1000C.C.的水，先放入白飯以大火煮開，加入雞蓉玉米濃湯包攪拌均勻後轉小火。

❸ 淋入蛋液並撒上蔥花，待蛋液略微凝固之後攪拌一下，熄火燜1分鐘，撒上胡椒粉後即可。

料理小撇步

＊在煮的過程中要不停攪伴以免濃湯黏鍋。

鮮筍花枝羹湯

材料

- 真空鮮筍包 1支
- 冷凍花枝羹 300g
- 香菜 .... 少許
- 油蔥酥 .... 少許

調味料

- 鹽 1/2大匙
- 胡椒粉 1小匙
- 香油 1小匙

作法

❶ 竹筍切絲，香菜切末。

❷ 鍋中放入7分滿的水煮開，再放入竹筍、花枝羹，等到再度煮開時，放入鹽、胡椒粉、油蔥酥、香菜末、香油即可。

料理小撇步 ✕

＊真空鮮筍包挑選帶殼的（未去除外皮），筍子的甜味較能保留。

材料

· 滷豬頭皮 200g
· 豆芽菜 300g
· 蒜頭 2顆

調味料

· 無鹽奶油 2大匙
· 黑胡椒粉 ....少許
· 鹽 1小把
· 酒 2大匙

作法

❶ 將滷豬頭皮切成薄片狀，蒜頭切末。

❷ 熱鍋後，用無鹽奶油先爆香蒜頭及黑胡椒，再把豬頭皮、豆芽菜、鹽、酒等一起放入，用大火快炒至豆芽熟即可。

料理小撇步

＊豆芽菜加入後快速拌炒即可，保持豆芽菜的口感及色澤。

銀芽炒耳絲

炸花枝圈

材料

- 花枝　　　　　　　　1隻
- 蛋　　　　　　　　　1顆
- 麵包粉　　　　　　　少許
- 麵粉　　　　　　　　少許

調味料

- 千島醬　　　　　　　少許
- 洋香菜葉　　　　　　少許

作法

❶ 將花枝切圈略醃一點鹽巴，蛋打成蛋液備用。

❷ 花枝圈依序沾上麵粉、蛋液、麵包粉按壓緊實。

❸ 起油鍋，溫度至200度，將花枝圈炸至金黃酥脆後瀝乾油份，盛盤時撒上洋香菜葉及附上千島醬。

料理小撇步

※生鮮花枝易熟，以大火快炸可保持肉質鮮嫩不老化。

材料

- 豬里肌肉片 4片
- 蛋 1顆
- 麵包粉 .... 少許
- 麵粉 .... 少許

調味料

- 千島醬 .... 少許
- 洋香菜葉 .... 少許
- 鹽 .... 少許

作法

❶ 將里肌肉片略醃一點鹽巴，蛋打成蛋液備用。

❷ 里肌肉片依序沾上麵粉、蛋液、麵包粉按壓緊實。

❸ 起油鍋，溫度至180度，將里肌肉片炸至金黃酥脆後瀝乾油份，盛盤時撒上洋香菜葉及附上千島醬。

料理小撇步

＊外國進口的千島醬口味偏酸，可解油炸品的油膩

酥炸豬排

泡菜燜魚頭

材料

· 韓式泡菜	1包
· 洋蔥	1/2個
· 韭菜	200克
· 鮭魚頭	1付

調味料

· 糖	1大匙
· 酒	2大匙
· 蠔油	2大匙
· 香油	2大匙

作法

❶ 韭菜切段狀；洋蔥切絲；泡菜切成小段；鮭魚頭洗淨備用。

❷ 鍋內倒入2大匙香油，先將鮭魚頭略煎一下，再放入洋蔥、泡菜與適量的水、糖、酒、蠔油一起拌炒。

❸ 燜煮5分鐘後，起鍋前再加入韭菜翻炒均勻即可。

料理小撇步

＊魚頭先煎過可讓魚肉定形，以免紅燒過程中魚肉碎掉。

泡菜鮮雙脆

材料

- 韓式泡菜 1包
- 洋蔥 1/2個
- 透抽 1尾
- 泡發魷魚 1尾
- 蔥 3根

調味料

- 糖 1大匙
- 酒 2大匙
- 蠔油 2大匙
- 香油 2大匙

作法

❶ 洋蔥切絲；透抽切圈狀；泡菜切成小段；泡發魷魚刻花切片；蔥切小段。

❷ 鍋內倒入2大匙香油，先爆香洋蔥，再放入透抽、魷魚拌炒一下，加入適量的水、糖、酒、蠔油、泡菜、蔥段翻炒均勻即可。

料理小撇步

＊透抽跟魷魚先汆燙過口感會較鮮脆。

材料

- 蚵仔.........................200克
- 蛋.................................2顆
- 板豆腐..........................1塊
- 麵粉.............................1杯
- 韭菜.............................4根

調味料

- 鹽.................................少許
- 胡椒.............................少許
- 泰式甜雞醬..................少許

作法

❶ 將板豆腐切小丁，韭菜切小段，蛋打成蛋液備用。

❷ 準備鋼盆或較大的容器，將蚵仔、蛋液、板豆腐、韭菜、麵粉、鹽及胡椒攪拌在一起成麵糊狀。

❸ 起油鍋，將蚵仔麵糊做成一小圓球，以煎匙輕輕按壓煎成圓餅狀，煎至兩面金黃酥脆即可。盛盤時附上泰式甜雞沾醬。

料理小撇步

＊煎麵糊的時候不可用力按壓，以免蚵仔跑出麵糊外。

＊也可撒上胡椒鹽來取代沾醬，享受不同的風味。

＊也可以用炸的，口感更酥脆。

豆腐蚵嗲煎餅

滑蛋咖哩牛肉粥

白酒春雞焗時蔬

肉羹西魯菜

咖哩蟹肉蛋卷

沙嗲咖哩豆腐煲

富貴牛腩煲

筍絲烴肉燴油豆腐

綠咖哩雞魚丸湯

PART IV

調理包入菜篇

滑蛋咖哩牛肉粥

材料

· 咖哩牛肉調理包 .... 1 盒
· 白飯 1碗半
· 蛋 2顆
· 蔥 2根

調味料

· 高湯 .... 600C.C.
· 胡椒粉 .... 少許

作法

❶ 先將白飯及高湯拌勻,再以大火煮開。

❷ 蛋打成蛋液,蔥切花。

❸ 加入咖哩牛肉調理包拌勻,續煮3分鐘,淋入蛋液略微攪拌,起鍋前撒上蔥花及胡椒粉即可。

料理小撇步

＊喜好咖哩風味重一點的可以再另加咖哩粉。

白酒春雞煨時蔬

材料

· 法式白酒煨春雞調理包 2包
· 大白菜......................1/2顆
· 紅蘿蔔......................60g
· 新鮮香菇...................5朵

調味料

· 高湯....................300 C.C.
· 胡椒粉......................少許
· 干貝粉....................1大匙

作法

❶ 大白菜、紅蘿蔔、新鮮香菇切片狀，先以沸水汆燙3分鐘，撈出漂涼，瀝乾水份備用。

❷ 倒入法式白酒煨春雞調理包與汆燙好的蔬菜及高湯拌勻。

❸ 再回鍋煮開，小火煨煮3分鐘後，加入胡椒粉、干貝粉拌均勻即可。

料理小撇步

＊時蔬可換成紅、黃椒、蘆筍，都要先汆燙過以保留口感及顏色。

材料

- 香菇肉羹調理包 2包
- 大白菜 1/2顆
- 蛋 2顆
- 香菜 .... 少許

調味料

- 沙茶醬 2大匙
- 烏醋 1大匙

作法

❶ 大白菜切片,並用沸水汆燙
　至軟,再瀝掉水份備用。
❷ 蛋打散,淋入油鍋內,炸成
　蛋酥,撈起瀝掉油脂備用。
❸ 將香菇肉羹調理包、大白
　菜、蛋酥、沙茶醬、烏醋全
　部拌勻後,放入鍋內煮開,
　再以小火煨煮3分鐘即可。
　食用時搭配少許香菜。

料理小撇步

....
＊炸蛋酥時,用漏勺緩緩將蛋液
　滴入高溫的鍋中並快速攪拌,
　就可以炸出漂亮蛋酥了。
＊這道菜煮越久越入味好吃。

肉羹西魯菜

咖哩蟹肉蛋卷

材料

· 咖哩雞肉調理包 1包
· 蛋 3顆
· 蟹肉棒 4根
· 巴西利 1小朵

調味料

· 無鹽奶油 2大匙
· 鹽 1/2小匙

作法

❶ 蟹肉棒對切，再略撕開，蔥切丁，再與鹽、蛋一起攪拌均勻成為蟹肉蛋液。

❷ 鍋內放入無鹽奶油，小火煮溶後，再倒入拌好的蟹肉蛋液，慢慢捲成西式蛋卷狀，先放在盤上。

❸ 咖哩雞肉調理包隔水加熱5分鐘，再撕開淋在蛋卷上，最後撒上巴西利碎即可。

料理小撇步

＊煎蛋卷時，將奶油均勻塗在平底鍋上，以小火溫度快速攪拌至半凝固狀，再捲成西式蛋卷狀。

材料

- 咖哩牛肉調理包 2包
- 蛋豆腐 2盒
- 新鮮香菇 6朵
- 蔥 2根

調味料

- 沙嗲蝦醬 2大匙

作法

❶ 蛋豆腐切丁,新鮮香菇切小塊,蔥切丁。

❷ 鍋內先以1大匙油炒香沙嗲蝦醬,加入水(約250C.C.)煮開,再加入蛋豆腐、新鮮香菇、咖哩牛肉調理包一起小火煮至濃稠狀,撒入蔥花拌勻即可。

料理小撇步 ✕

＊豆腐最後再加入,儘量保持形狀不要攪拌。

沙嗲咖哩豆腐煲

富貴牛腩煲

材料

· 紅燒牛腩調理包 2包
· 蕃茄 2顆
· 馬鈴薯 2顆
· 蔥 2根

調味料

· 蠔油 1大匙
· 糖 1/2小匙

作法

❶ 馬鈴薯先煮熟，再切塊狀；
   蕃茄切塊；蔥切段。
❷ 鍋內倒入1大匙油，先爆香
   蔥段，再放入蕃茄及馬鈴薯
   拌炒。
❸ 加入水250C.C.、蠔油、糖及
   紅燒牛腩調理包，大火煮開
   再小火煮至濃稠狀即可。

料理小撇步

＊此道菜也可做成燴飯，只要多
   增加一點的水量及少許太白粉
   水勾芡即可。

筍絲焢肉燴油豆腐

材料

- 筍絲焢肉調理包 2包
- 三角油豆腐 8塊
- 香菜 .... 少許

調味料

- 辣豆瓣醬 1大匙
- 醬油膏 1大匙
- 糖 1小匙

作法

❶ 鍋內倒入1大匙油,先炒香辣豆瓣醬、醬油膏、糖,加入水300C.C.及油豆腐煮開。

❷ 將筍絲焢肉調理包放入小火煮至濃稠,撒入香菜拌勻即可。

料理小撇步 ✕

＊油豆腐要入味需要熬煮10-15分,待醬色滲入才有味道。

材料

- 綠咖哩雞調理包 1包
- 魚丸 300g
- 九層塔 .... 少許

調味料

- 高湯 .... 800C.C.
- 魚露 1/2大匙

作法

❶ 高湯煮開，加入魚丸煮3分鐘。
❷ 加入魚露及綠咖哩雞調理包後，用小火煮開，起鍋前放入九層塔一起食用即可。

料理小撇步 ✕

＊也可更換成其他丸類，如貢丸、花枝丸…等。

綠咖哩雞魚丸湯

COPYRIGHT

文經社

■ 新生活食譜 C20005

罐頭變出好料理

國家圖書館出版品預行編目資料

罐頭變出好料理 / 柯俊年, 余慎芳著. --
　第一版. -- 臺北市：文經社, 2008. 01
　　面；　公分. -- (新生活食譜；C20005)
　ISBN 978-957-663-524-3(平裝)

1. 食譜

427.1　　　　　　　　　　96024357

著　作　人：柯俊年・余慎芳
發　行　人：趙元美
社　　　長：吳榮斌
企劃編輯：許嘉玲
美術設計：游萬國
出　版　者：文經出版社有限公司

總社・編輯部
地　　　址：104 台北市建國北路二段66號11樓之一
電　　　話：（02）2517-6688
傳　　　真：（02）2515-3368
E-mail：cosmax.pub@msa.hinet.net

業　務　部
地　　　址：241 台北縣三重市光復路一段61巷27號11樓A
電　　　話：（02）2278-3158・2278-2563
　　　　　：（02）2278-3168
E-mail：cosmax27@ms76.hinet.net
郵撥帳號：05088806文經出版社有限公司
新加坡總代理：POPULAR BOOK CO.(PTE)LTD. TEL:65-6462-6141
馬來西亞總代理：POPULAR BOOK CO.(M)SDN.BHD. TEL:603-9179-6333
印　刷　所：通南彩色印刷有限公司
法律顧問：鄭玉燦律師（02）2915-5229
定　　　價：新台幣　元
發　行　日：2008年　1月　第一版　第1刷
　　　　　　　　　　　1月　　　　第2刷